ほたるの伝言

小原 玲

教育出版

目次

ゲンジボタル　宮城県七ヶ宿町

1 プロローグ

ヒメボタル　愛知県名古屋市

ここに、ホタルが道案内《みちあんない》をするような小径《こみち》があります。
この道は私《わたし》たちをどんな未来《みらい》に導《みちび》いてくれるのでしょう。

ゲンジボタル　広島県庄原市口和町

私はホタルを撮《と》る写真家です。
ホタルは毎年、初夏《しょか》に九州《きゅうしゅう》から光りだし、
桜《さくら》の花のようにだんだんと北に移《うつ》り、
２か月ぐらいたつと
北海道《ほっかいどう》で光るようになります。
それを追いながら写真を撮っています。
なぜホタルに魅《み》せられたかというと、
九州で見たゲンジボタルの
大乱舞《だいらんぶ》の光景《こうけい》に驚《おどろ》いたからです。

ゲンジボタル・ヒメボタル　宮城県七ヶ宿町

そこで見た光景は、
「山が動く」かのようなものでした。

川の横の小さな森の
木々にいるホタルが、
皆《みな》で一緒《いっしょ》に光ろうとします。
だから、隣の光を見てから光ります。

それでちょっとずつタイミングがずれ、
光のウェーブ（波）になるのです。
見たことのないすごい光景です。

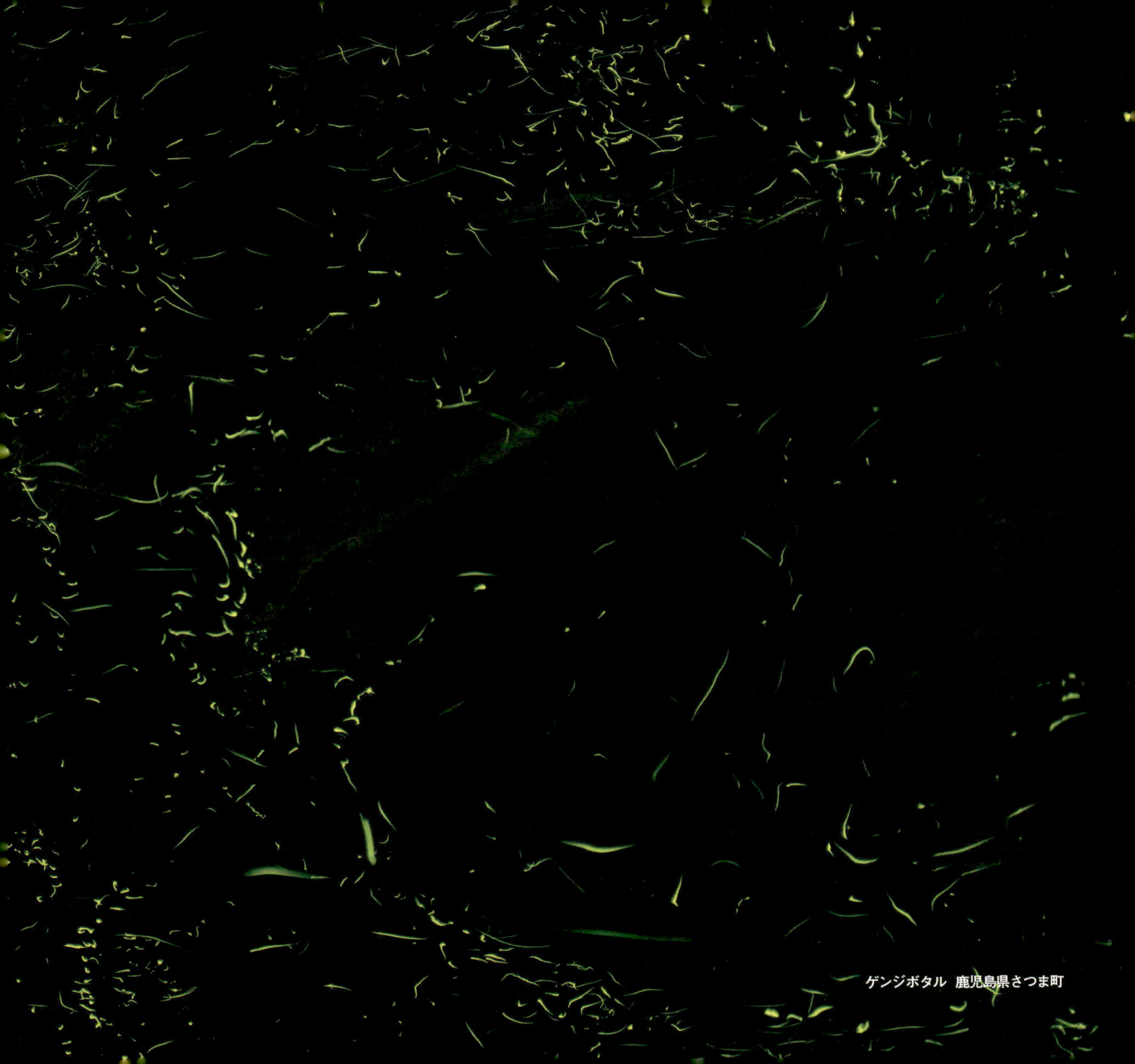

ゲンジボタル　鹿児島県さつま町

ゲンジボタル　宮崎県延岡市北川町

「こんな自然《しぜん》がまだ日本に残《のこ》っていたのか。」
私はそう思いました。

テレビで世界中の自然が
放映《ほうえい》されていましたが、
ホタルの弱い光は、まだテレビカメラが
しっかり映《うつ》すことのできない頃《ころ》でした。
ですから、その場にいないかぎり、
その光景は見ることのできない
ものだったのです。
日本にこんなすばらしい
ホタルの景色《けしき》があることを伝《つた》え残したい。

私はホタルの写真を撮る写真家に
なることにしました。

1992年 ソマリア

ホタルの写真を撮り始めた頃の私はすでに動物写真家になっていましたが、そのもう少し前は報道《ほうどう》写真家でした。世界中の紛《ふん》争《そう》地や難民《なんみん》キャンプを回って写真を撮っていました。そこで、人間の世界の悲しみを見すぎてしまいました。

私はだんだん、悲しみを伝えるより、喜《よろこ》びや感動を伝えたいと思うようになりました。それで、自然や動物の美しさを伝える動物写真家になりました。

カナダ　セントローレンス湾

そしてそれから、アザラシの赤ちゃんや、シロクマの赤ちゃんなどの写真を発表してきたのですが、カナダの流氷がだんだんと地球温暖《おんだん》化で変《か》わっていく姿《すがた》を見ることになります。
そのうちに、それを現場《げんば》で見ている人間が、自分しかいないという責任《せきにん》を感じ始めます。
そして「流氷の伝言——アザラシの赤ちゃんが教える地球温暖化のシグナル」(教育出版)という本を出しました。

ホタルの写真を撮り続《つづ》けて12年が過《す》ぎました。
私はいろいろなことを、
ホタルを見て考え、ホタルから学びました。
この本では、私がホタルを追う日々をとおして
ホタルから受け取った「ほたるの伝言」を、
皆さんに伝えます。

ヒメボタル　愛知県名古屋市

2 一番ボタル

子どもにホタルを見せたいと思った時、
私は夜に行きません。

私は夕方、日没《にちぼつ》前に生息地に連《つ》れていきます。
そうするとたいていの場合、
子どもたちは「早すぎだよ。」と不満《ふまん》を言います。
でもホタルを待つ間、周囲《しゅうい》の景色が子どもたちの目に入ります。

どんな場所でどんな音がするのか、
ホタルがどこに暮《く》らしているのか、
そんなことを知ることができます。

日が暮れておおよそ 30 分後に、
最初のホタルが光ります。「一番ボタル」です。
多くの場合、その場所でいちばん暗い茂《しげ》みから光ります。
小さな点がポツンと光を放ちます。

ゲンジボタル　鹿児島県さつま町

小さな光の点は
2つ、3つと増《ふ》えていきます。
子どもがその光の点を見つけます。
「お父さん、あそこ光った、光った。」

暗くなるにつれて、
光の点の数はどんどん増えていきます。
そしてホタルが徐々《じょじょ》に飛《と》び始めます。

ゲンジボタル　鹿児島県さつま町

さらに30分が経過《けいか》して、
日没から1時間がたちました。
すべてのホタルが舞《ま》い上がり、
踊《おど》りだします。ホタルの乱舞です。
ホタルが周囲を飛び回り、
踊るように空中を動きます。

どんな子どもも、
この時間のホタルの乱舞には
心奪《うば》われるでしょう。

ゲンジボタル　宮崎県延岡市北川町

ゲンジボタル　大分県豊後大野市三重町

こんな不思議《ふしぎ》な光景を見た時の子どもは、いろいろな言葉《ことば》の表現《ひょうげん》をします。

子どもたちが詩人になる時です。

「ホタルのパレードだ。」「ホタルがお星さまになっていく。」

「ホタルのダンスの時間だね。」「ホタルは夜になるとこっちにやってくるんだね。」

「一番ボタル」を見ると、子どもはとてもすばらしい表現者になります。

だから私は子どもとは、夕暮れからホタルを見に行くのです。

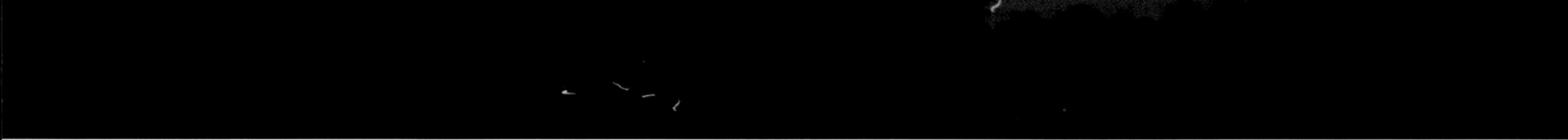

ゲンジボタル　宮崎県延岡市北川町

しかし、残念《ざんねん》なことがあります。

「一番ボタル」が光って30分たって暗くなり、

ホタルが乱舞し始める頃になると、

次々と車がヘッドライトをつけてやってくるのです。

山奥《やまおく》の河原《かわら》で見る車のヘッドライトは、とても明るく、まぶしい光です。

そんなヘッドライトの光が、次々にホタルに当たります。

乱舞しはじめたホタルの中には、
高く舞うのをやめて
暗い茂みに戻《もど》ろうとするものもいます。
ヘッドライトの光がよく当たる場所からは
だんだんとホタルが離《はな》れていきます。

(左) ゲンジボタル　鹿児島県さつま町／(上) ゲンジボタル　岡山県井原市美星町

「ホタルは暗くなったのを喜んで出てきたのに、
なぜ人間はホタルに強い光を浴《あ》びせてしまうのだろう。」
日没時から来ていた子どもは、そう思うことでしょう。
暗くなってから車で来た子どもは、
「わあ、きれい。」とは思うのでしょうけれど、
ホタルが強い光を嫌《きら》うことには気づかないでしょう。
この違《ちが》いは「ホタルが何を好《す》きか？」を知ることだと思います。
私はホタルが暗い夜を好きだということを知ってほしい。
だから子どもを、暗くなる前に、ホタルの生息地に連れていくのです。

3 消えていく光景

撮りたいけれど、
なかなか撮れない風景がありました。

それは、
人間とホタルとが一緒に生きている、
一緒に暮らしている風景です。
小川があって、田んぼがあって、
ホタルが飛び、
そこに人間が暮らしている。

少し前の日本には
どこにでもあった風景です。

ゲンジボタル　岡山県高梁市川上町

しかし、いざそれを写真に撮ろうと思うと、
なかなか難しいことに気づきました。
民家の近くにホタルが
いないわけではありません。
しかし、民家のまわりには
街灯《がいとう》がいっぱいあって、明るいのです。
せっかくホタルがいても、
舞い踊るような乱舞は
なかなか見ることができません。

ようやく見つけたそのような場所では、
お年寄《としよ》りのかたが
一人で暮らしていることがほとんどでした。
そのようなお年寄りのかたは、
夜はあまり遅《おそ》くまで起きていません。
日没後に一度、家に明かりがともりますが、
ホタルの乱舞が佳《か》境《きょう》になる頃には
電気が消えていることが多いのです。
だから、ホタルと人間が
うまく共生《きょうせい》できています。

(上) ゲンジボタル　広島県三次市／(右) ゲンジボタル　福島県桑折町

しかし、お年寄りのかたが亡《な》くなって、
そういった家に電気がつかなくなることが、
この10年の間に何度もありました。

私は気づきました。
今消えつつあるのは、ホタルではなく、
ホタルと一緒に暮らせる
人間の生活なのではないかと。

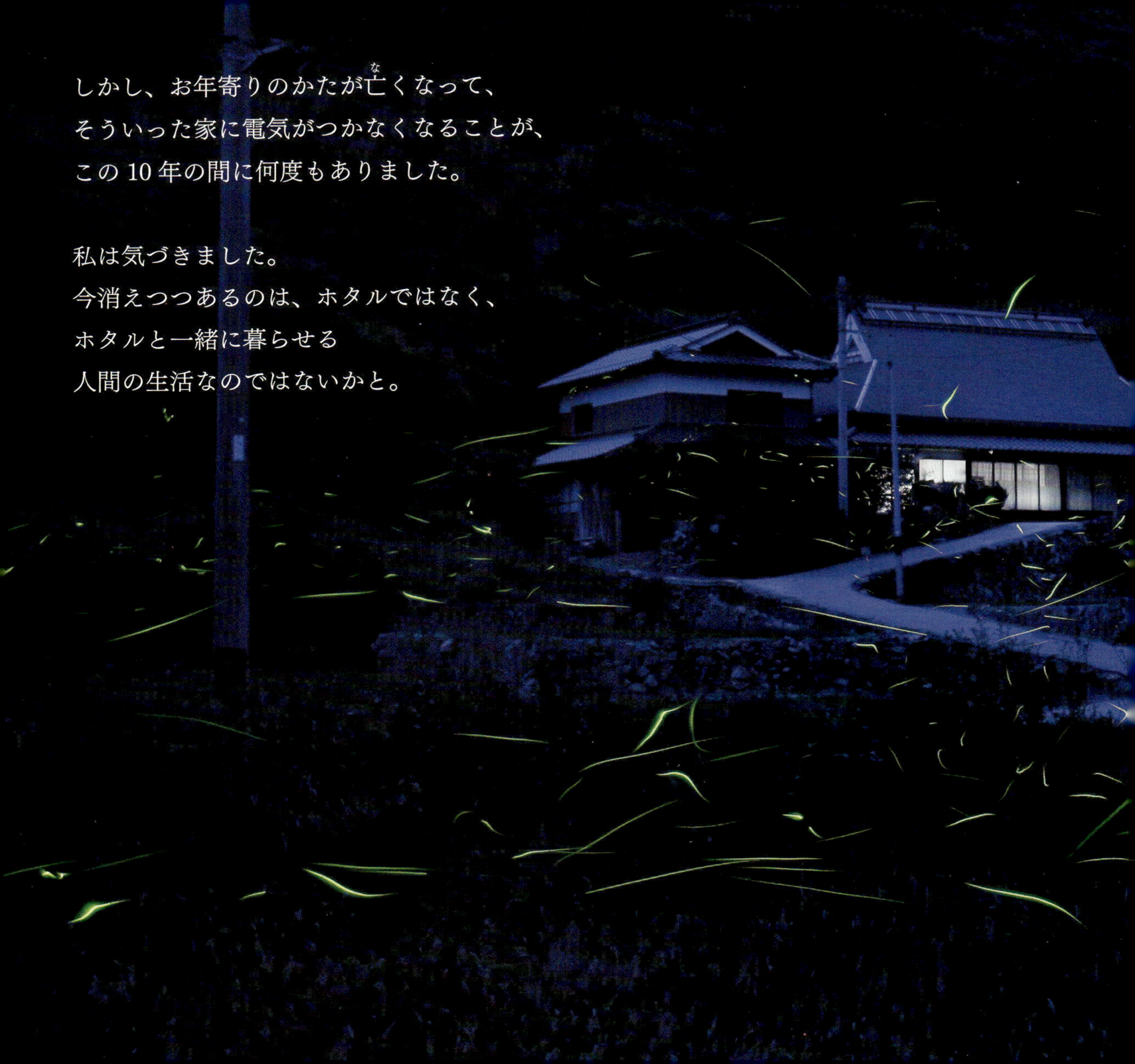

ゲンジボタル　岡山県高梁市

自分が撮って伝えたいのは、
ただのホタルの乱舞の光景ではない。

伝え残したい「日本のホタルの原風景《げんふうけい》」と
呼《よ》べるものではないだろうか。

そう考えると、大事なのは、
飛んでいるホタルの数ではなくなりました。
ホタルがいる風景の意味が
より大事になってきました。

ゲンジボタル　岡山県井原市美星町

(上)ゲンジボタル　愛知県瀬戸市／ (右)ゲンジボタル　三重県伊賀市

ホタルの撮影《さつえい》を初めてから、気になっていることがあります。
ホタルの生息地自体は、養殖《ようしょく》放流をする地域《ちいき》があったり、
自然への意識《いしき》が高まっていたりして、この 12 年間でむしろ増えているかもしれません。

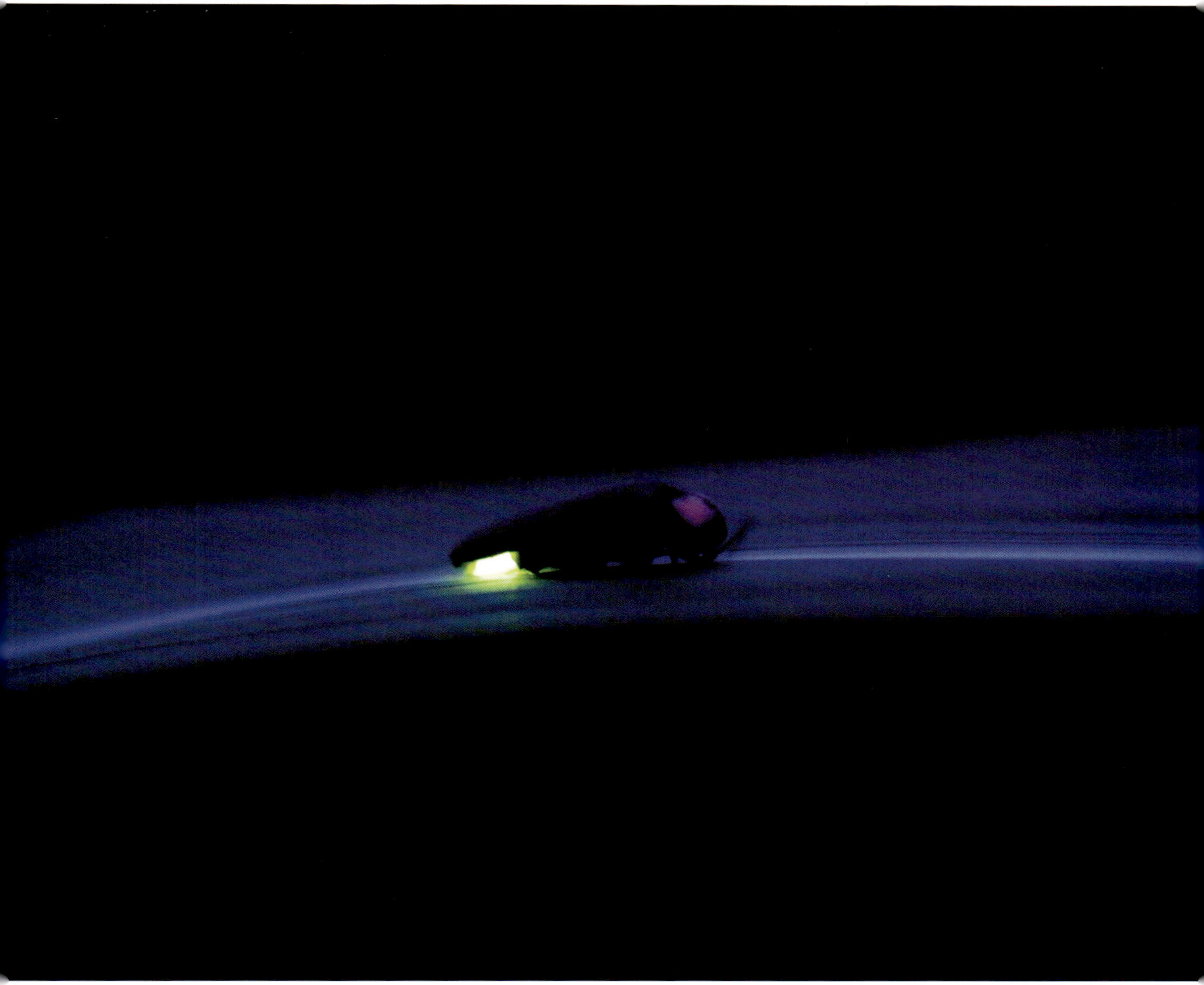

ゲンジボタル　三重県伊賀市

しかし、ホタルが高々と舞う景色は減《へ》っています。
暗く人工の光がないホタルの生息地では、
ホタルが星に向かうかのように高々と飛ぶのですが、そんな場所が少なくなっています。

ヒメボタル　静岡県富士宮市

人は、一度つけた街灯や防犯灯《ぼうはんとう》を外すことはほとんどありません。
「防犯のため、安全のため」と言われると、
「ホタルのために」という声ではかなわないことが多いからです。

ホタルという言葉の語源《ごげん》は
「星が垂《た》れる」だという説《せつ》があります。

高々と星に向かって飛ぶ
ホタルを見ていると、
私はうれしくなります。

子どもが見上げるホタルの風景を
伝え残したいと思っています。

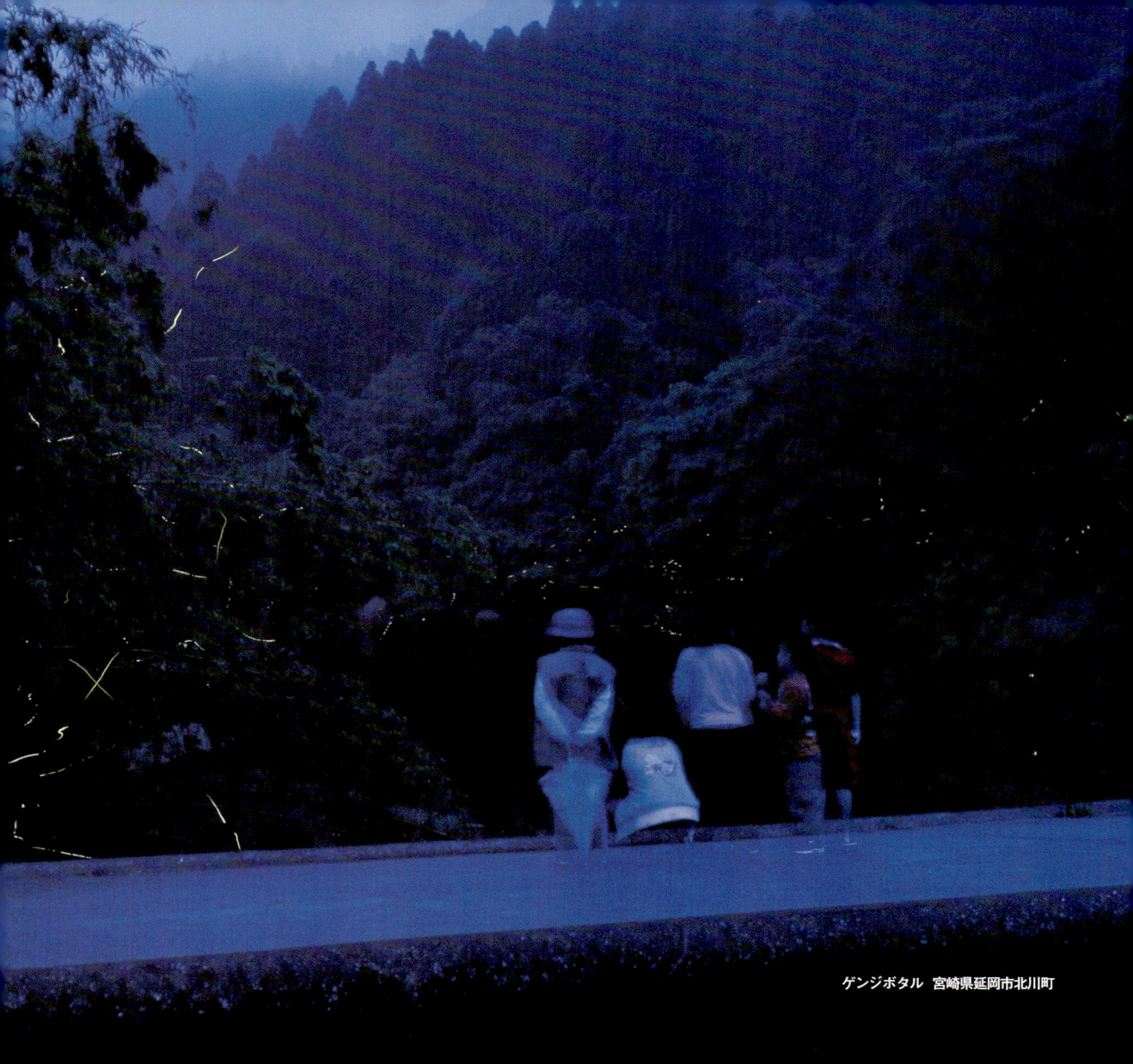

ゲンジボタル　宮崎県延岡市北川町

そしてホタルを見上げると同時に、
ぜひ手に取ってみてほしいと思います。
ホタルの光は熱《ねつ》をもたない不思議な光です。

てのひらで輝《かがや》くホタルを見て、
ぜひいろいろとホタルのことを知って、
考えてください。

そして、そっと草の上に戻してください。

ヘイケボタル　愛知県豊田市

4　お米作りとホタル

ゲンジボタルは、

川や農業用水路に暮らしていることが多いホタルです。

ヘイケボタルは、

水田に暮らしていることが多いホタルです。

川は大昔からあったでしょうが、

農業用水路や水田は、お米作りのためにあとから人間が作ったものです。

ヘイケボタル　栃木県茂木町

日本ではお米作りとホタルが
密接《みっせつ》な関係にあります。

人間がお米作りのために作った、
農業用水路や水田が、
ゲンジボタルやヘイケボタルという
水棲《すいせい》のホタルの暮らす場所を
増やしてきたと考えることができます。

ゲンジボタル・ヘイケボタル　三重県伊賀市

ゲンジボタル　三重県伊賀市

もともとの川は、流れが早く水量《すいりょう》も多くて、
ホタルの幼虫《ようちゅう》は流されてしまうことがあるでしょう。
しかし農業用水路は、流れが緩《ゆる》く、ホタルの幼虫は過ごしやすいでしょう。
稲作《いなさく》と一緒に農業用水路が増えたことで、水棲のホタルは生息地を増やしてきました。

ヘイケボタル　愛知県岡崎市

ところが、日本の水田からホタルが減りました。その理由は２つ指摘《してき》されています。
農業用水路がコンクリート製《せい》になって、ホタルの幼虫が暮らしにくくなったこと。
もう１つが農薬です。かつては日本の風物詩《ふうぶつし》であった、
ヘイケボタルがいる田んぼは、今ではとっても珍《めずら》しいものになりました。

ゲンジボタル・ヘイケボタル　山形県高畠町

今、日本で土の農業用水路を
探《さが》そうとすると、なかなか見つかりません。
どこもかしこも
コンクリートで固《かた》めた水路です。

私は、土の水路が残る
田んぼの上を舞うホタルが撮りたくて
全国を回りましたが、見つけたのは、
九州からスタートして
ようやく東北《とうほく》地方でした。

（上）ヘイケボタル　山形県高畠町／（右）ヘイケボタル　三重県伊賀市

そしてそこで、農家のかたのお話を聞いたことがあります。
農薬を使っていた頃は、自分の田んぼからヘイケボタルが消えてしまっていたそうです。
ところが、農薬をまいたあとに自分が体調を崩《くず》して寝込《ねこ》むような農業に疑問《ぎもん》を感じて、
農薬を使わない無農薬《むのうやく》の有機《ゆうき》農業を始めました。
10年がたって、ヘイケボタルが戻ってきたそうです。
そして20年がたって、昔と同じくらいの数のヘイケボタルが戻ってきたそうです。

そのかたの田んぼのまわりでも、低農薬という、
農薬を少ししか使わない農業が行われています。
低農薬の田んぼにもヘイケボタルはいますが、その数を見ると、
ホタルは無農薬の田んぼがより好きなのがひとめでわかります。

ホタルブクロ・ヘイケボタル　栃木県茂木町

ホタルが舞う田んぼ、
そんな田んぼで育った
お米を食べてみたいと思うのは
私だけではないと思います。

ヘイケボタル　群馬県高崎市倉渕町

5　川とホタル

ゲンジボタルを撮っていると、多くの日本の川を見ることになります。
日本の川で大昔の姿をそのまま保っているところは、非常《ひじょう》に少ないです。
人間が文明を作り街《まち》や耕作地《こうさくち》を作るということは、
川の氾濫《はんらん》や水害《すいがい》からどうやって自分たちの生活を守るかということでもありました。
ですから人間は、蛇行《だこう》する川の流れを変え、川の護岸《ごがん》に堤防《ていぼう》を築《きず》き、
それをコンクリートで固めました。

ゲンジボタル　宮崎県延岡市北川町

ゲンジボタル　鹿児島県屋久島町

川は、山の奥では「渓流《けいりゅう》」と呼ばれます。
とても細い川です。
この渓流ではあまりゲンジボタルは見つかりません。
水温が低かったり、ホタルの幼虫が食べる
カワニナという貝が少なかったりします。

しかし、人が暮らしだす辺《あた》りから、
ゲンジボタルの生息地は多く見つかります。
川は人間の生活にとって大切なものであり、
同時に多くの生きものたちにとって大切なものです。
ゲンジボタルが暮らす川には、
その餌《えさ》となるカワニナも多く、
また魚も多く暮らしています。

ゲンジボタルは、
人間と自然との共生を象徴《しょうちょう》する
生きものともいえるのです。

ゲンジボタル　鹿児島県屋久島町

ホタルが海に向かって飛ぶ光景を、
鹿児島《かごしま》県の屋久島《やくしま》で見ることができます。

もう日本の川で
上流から河口《かこう》まで改変《かいへん》されていないところは
ほとんどありませんが、
自然が豊かな屋久島には、海までほとんど
自然のままに近い状態《じょうたい》で残された川があります。
そんな場所では、ホタルが海に向かって飛びます。

その光景を見ると、もともとの川はこうやって
きれいな水のまま海につながり、
ホタルは海の直前までいたのだなとわかります。

ヘイケボタル　北海道鶴居村

蛇行していく川が未《いま》だに残っているのは北海道です。
ヘイケボタルを撮影するために訪《おとず》れた釧路《くしろ》湿原《しつげん》で、
高台から釧路湿原を流れる釧路川を見ると、
大きく蛇行しているのがわかります。
昔のままの川の姿がそこにあります。
そして川のまわりには
ヨシやハンノキなどの植物が育つ湿原が広がります。

ヨシという植物は
昔アシと呼ばれていました。

古事記《こじき》に、日本の領土を
「芦原中国《あしはらのなかつくに》」とする記述《きじゅつ》があります。
大昔の日本の川にはヨシ（アシ）の湿原が
あったのではないかと思わせる記述です。
そんな光景が釧路湿原には広がっています。

ヨシ（アシ）もイネも、同じイネ科です。
もしかしたらヨシ（アシ）の湿原を見て、
昔の人はイネを水田で育てることを
思いついたのかもしれません。

湿原を見ていてそんなことを考えます。

ゲンジボタル・ヘイケボタル　宮城県七ヶ宿町

そして、水棲《すいせい》のホタルの原風景は、
このような川と湿原ではないかと思いました。

日本の平野部の川は大昔
こんな景色だったのではないかなと。
そして釧路湿原には
その景色が今でも残っているのかなと。

釧路川にはゲンジボタルはいませんが、
ヘイケボタルが多く暮らします。

(左) ヘイケボタル　宮城県七ヶ宿町／(上) ヤコウタケ・ヒメボタル　兵庫県香美町

ホタルは小さな虫です。でもホタルのことをいろいろ考えていくと、
日本人と自然がどんなふうに生きてきたかを、
その共生の歴史を振《ふ》り返って考えていくことができます。
私はホタルという小さな虫にいろいろなことを教わったのだなと思っています。

6　かぐやひめとホタル

私が暮らす愛知《あいち》県の名古屋《なごや》市には、
相生山《あいおいやま》緑地というヒメボタルの生息地があります。
しかし、そこは道路建設《けんせつ》が予定されていて、工事が進んでいました。
その竹やぶを見ていて、ふと考えたことがあります。
「まるでかぐやひめみたいだな。」
竹やぶでピカピカ光るホタルを見ていると、
そこからお姫《ひめ》さまが出てくると思ったのかもしれない。
ヒメボタルのヒメは「かぐやひめ」なのかなと思いました。

(左)ヒメボタル　愛知県名古屋市／(上)ヒメボタル　愛知県名古屋市

しかし、昆虫《こんちゅう》学者の先生はそれを否定しました。
「この写真に写っている竹はモウソクチクといって、
江戸《えど》時代に日本に入ってきた竹だよ。
だから少なくとも、『竹取《たけとり》の翁《おきな》』が
この光景を見ていることはありえないよ。」

ヒメボタル　兵庫県淡路市

私はびっくりしました。
自分が見ているのと同じ光景を、
昔の人も見ていたのだと思っていました。
しかし、それは違うことに気づきました。

この竹やぶは少し前までは
コナラという木の雑《ぞう》木《き》林《ばやし》であったことが
わかっています。
それが放《ほう》置《ち》されている間に、
モウソクチクが進出してきたのです。

コナラの前は、シイやカシの木など、
一年中緑の葉をつけている
常緑樹《じょうりょくじゅ》の森であったことが
研究でわかっています。

(上) ヒメボタル　兵庫県朝来市和田山町／(右) ヒメボタル　静岡県御殿場市

もう日本の都市部にシイやカシの自然林など残っていません。
しかし、鎮守《ちんじゅ》の森にはそのような古くから植わっている木が残っています。
そしてヒメボタルはなぜか鎮守の森に多いホタルなのです。

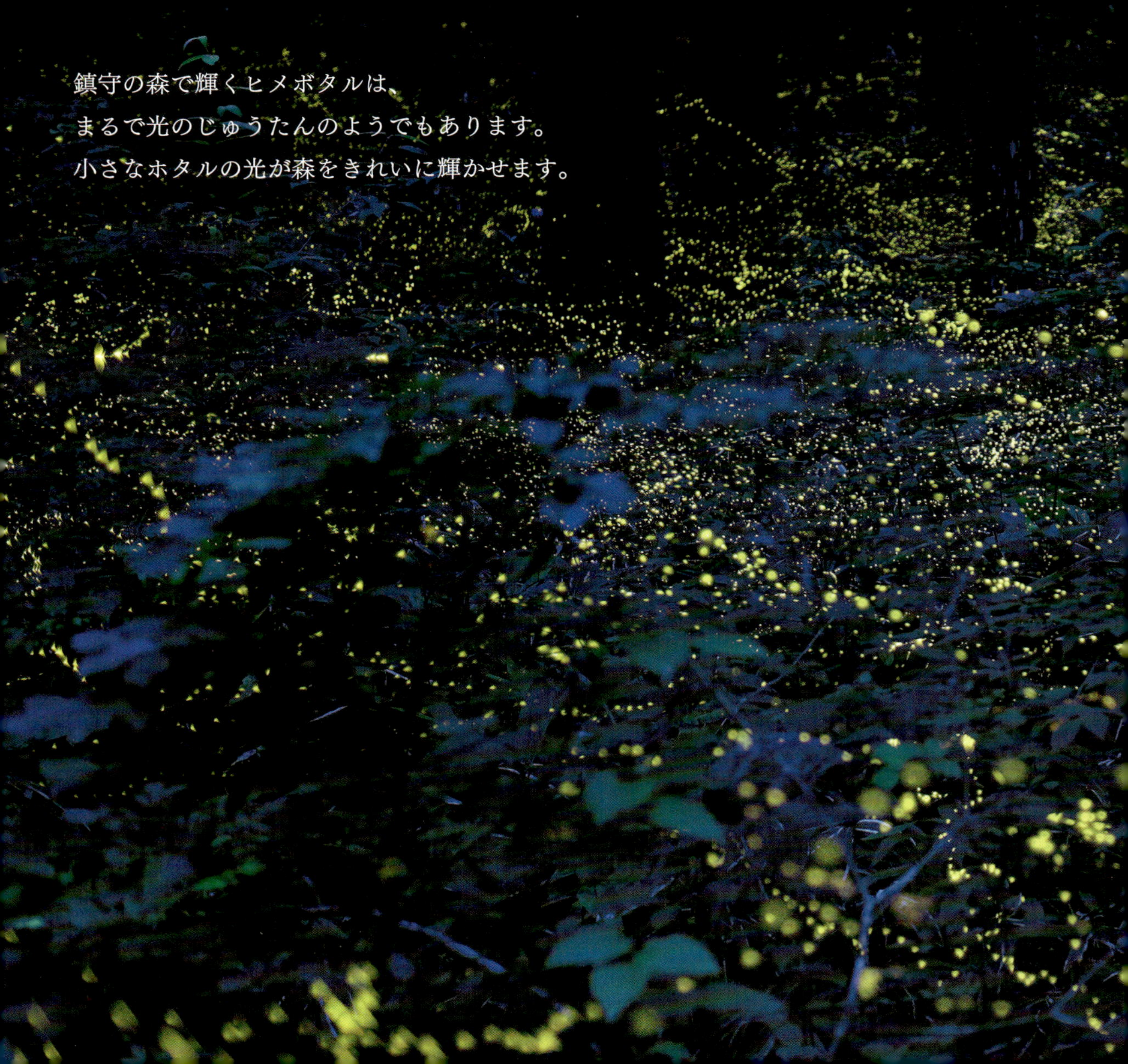

鎮守の森で輝くヒメボタルは、
まるで光のじゅうたんのようでもあります。
小さなホタルの光が森をきれいに輝かせます。

ヒメボタル　岡山県新見市哲多町

私と昆虫学者の先生は、日本の自然林にはヒメボタルがいるのではないかと考えました。
人間がほとんど手をつけていない自然林に、夜行く人などいません。
だからそこにヒメボタルがいるかどうかの記録《きろく》はほとんどありませんでした。
それを知るには自分たちで行って調べてみるしかありません。

ヒメボタル　宮崎県綾町

私たちは、調べてみました。
その結果、九州の常緑樹の自然林、富士山《ふじさん》のモミやツガの森、
中国《ちゅうごく》地方から東北地方までのブナの森、といった日本のほとんどの自然林で、
ヒメボタルを見つけることができました。

ヒメボタル　静岡県富士宮市

ヒメボタル　青森県十和田市

ということは、
日本に多くの自然林があった時代には、
ほとんどすべての場所に
ヒメボタルが暮らしていた可能性が
高いということです。

しかし、そのような森を切り開き、
街や耕作地を作って
人間は文明を作ってきました。

そうして多くの場所から
ヒメボタルが消えていきました。
それでも、未だに残っている場所がある。

そのひとつが、相生山緑地なのです。

7　ほたるの伝言

名古屋市のヒメボタルは、
不思議と深夜の１時ぐらいに
いちばん多く光るのです。
でもその時間に見ている人は
ほんの少ししかいません。

道路建設が進んでいた昨年《さくねん》、
「これが最後かもしれない」と思い、
小学生の息子《むすこ》を夜中に起こして
相生山緑地に連れていきました。

ヒメボタル　愛知県名古屋市

「お父さんの写真より全然すごいよ、
すごすぎだよ。友達《ともだち》に見せたいよ。」

小学生の息子は、そう口にしました。
子どもの心を動かし、
大切な人に伝えたいと思わせる自然の美が、
今の日本にはまだ残っているのです。

息子はきっと、
「ほたるの伝言」を受け取ったのでしょう。

ヒメボタル　愛知県名古屋市

（上）ヒメボタル　愛知県名古屋市／（右）相生山緑地　愛知県名古屋市

私が九州のホタルの大乱舞を見て、それを次世代に伝え残したいと思ったように、
息子もこのホタルの美しさを人に伝えたいと思ったのです。

ホタルは、私たちが自然とどう共生していくかを
考えることの大切さを伝えているのではないでしょうか。
美しいものを見て感動し、不思議なものに心を躍《おど》らせる。
そして、相手のことを知りたいと思い、考える。考えたことを人に伝えたくなる。

見て、感じて、考えてほしい。

それが「ほたるの伝言」だと私は思っています。
だから皆さんに考えてほしいのです、
どのようにホタルと共に生きていくかを。

ヒメボタル　愛知県豊橋市

ホタルという小さな虫が教えてくれる世界は、人間と自然との共生の奥深さです。
共生を考えるときにいちばん大事なことは、
相手が何を望《のぞ》んでいるか、何が好きなのかを考えることだと思います。
ホタルは何が好きで、どんな場所に暮らしたいのか。
ホタルは大昔どんなふうに飛んでいたのだろう。
大昔の人はどんなホタルを見ていたのだろう。
そう考えることは、日本人と自然の歴史のすべてを振り返ることにもなります。

(左) ゲンジボタル　鹿児島県さつま町／(上) ゲンジボタル　鹿児島県さつま町

ホタルをただきれいに光る虫として眺《なが》めるのではなく、
ホタルをきれいだなと思ったら、
なんできれいに光るんだろう、どこにすんでいるのだろう、
何が好きなんだろう、と考えてほしいと思います。
そして、ホタルを好きになったら、ホタルと一緒に生きるということを考えてほしいのです。
それが「ほたるの伝言」なのだと私は思います。

ゲンジボタル　岡山県井原市美星町

ホタルと、君はどう生きていきたい？

ヒメボタルを守ろうとする名古屋市民の声を受けて、2010年現在《げんざい》、相生山緑地の工事は中断《ちゅうだん》されています。
開発か保全《ほぜん》か、学術的《がくじゅつてき》な検証《けんしょう》にもとづく議論《ぎろん》が、市長の指示《しじ》のもと検証委員会によって続けられています。

ホタルを愛《め》でる心を

八木《やぎ》 剛《つよし》
兵庫県立人と自然の博物館
主任研究員

日本にしかいないホタル

日本列島は、たいへん豊《ゆた》かな生きものに恵《めぐ》まれています。南北に長い形、温暖《おんだん》湿潤《しつじゅん》な気候《きこう》、変化《へんか》に富《と》む地形といった環《かん》境条件《きょうじょうけん》に加え、古い時代に大陸《たいりく》から分離《ぶんり》し深い海で隔《へだ》てられているため、日本列島で独自《どくじ》の種《しゅ》分化を遂《と》げた固有《こゆう》種が多く残《のこ》されているからです。

ゲンジボタルとヒメボタルは、世界中で日本列島（しかも本州《ほんしゅう》から九州《きゅうしゅう》）にしかいない固有種です。川面《かわも》を舞《ま》うゲンジボタルや、鎮守《ちんじゅ》の森を舞うヒメボタルを見られるのは、世界中で日本列島だけなのです。このようなすばらしい昆虫《こんちゅう》が、季節感を彩《いろど》り、心を和《なご》ませてくれることを、私《わたし》たちはもっと誇《ほこ》りに思うべきでしょう。（ヘイケボタルは、日本固有種ではありませんが、日本列島と、日本海を挟《はさ》んで朝鮮《ちょうせん》半島から沿海州《えんかいしゅう》にかけて、ユーラシア大陸の東の端《はし》にだけ生息《せいそく》しています。）

琉球《りゅうきゅう》列島や小笠原諸島《おがさわらしょとう》には、その島にしかいない固有種が多く見られることが知られています。しかし、本州にも多くの固有種が見られることはあまり知られていません。哺乳類《ほにゅうるい》ではニホンザル、鳥類ではキジやヤマドリ、植物ではソメイヨシノの原種であるエドヒガンやオオシ

ゲンジボタルが暮らす川。兵庫県養父市

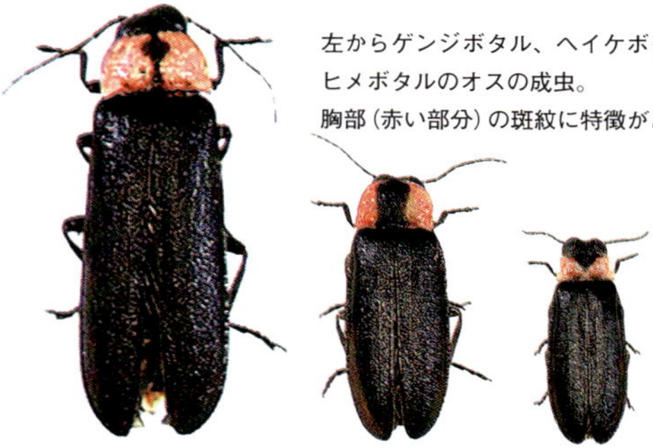

左からゲンジボタル、ヘイケボタル、ヒメボタルのオスの成虫。胸部（赤い部分）の斑紋に特徴がある。

マザクラ、これらも日本列島の固有種です。

私たちの自然感、季節感は、このように、日本独特《どくとく》の生きものによって育《はぐく》まれているのです。

ホタルを育む水田

私たちは、ホタルといえば水辺《みずべ》を連想《れんそう》しますが、世界に2000種はいるとされるホタルの中で、幼虫《ようちゅう》が水中生活をする種は数種しか知られていません。水田とその周辺《しゅうへん》の水辺にゲンジボタルとヘイケボタルが競《きそ》い合うように舞うのは、日本固有の景観《けいかん》です。

ゲンジボタルもヘイケボタルも、氷河《ひょうが》時代よりはるか昔から日本列島に生息していました。やがて人類がやってきて定《てい》着《ちゃく》し、文明の発達とともに水田農耕《のうこう》を中心とした生活を始めました。

湿地帯《しっちたい》を主な生息場所とするヘイケボタルにとって、人工の湿地である水田はこのうえない生息地となり、水田に水を引くために張《は》り巡《めぐ》らされた水路は、ゲンジボタルの生息地を拡大《かくだい》したことでしょう。そうして、ゲンジボタルやヘイケボタルは、水田を伴《ともな》った人里が広がるとともに各地で増《ふ》え、ほんの数十年前までは、私たちの身近なところにごく普通《ふつう》に見られた生きものです。水田は、これらのホタルだけでなく、タガメ、ゲンゴロウ、アカトンボ、ドジョウ、メダカ、タニシなど、多くの生きものの生息場所となってきました。

しかし、「最近ホタルを見なくなった」

ヘイケボタルが暮らす湿原。兵庫県香美町

と多くの人が言います。その大きな理由は、ホタルのすむ水田が減少《げんしょう》するとともに、水田の環境が変化したことにあります。

日本の人口は、明治時代から急速《きゅうそく》に増え、昭和《しょうわ》の初めからの80年間で2倍に増えました。人口が増えれば、それだけ人の生活する場所が必要《ひつよう》になり、大都市《だいとし》やその近郊《きんこう》では、ホタルに限《かぎ》らず、いろんな生きもののすめる場所は少なくなってしまいました。東京《とうきょう》都《と》や大阪《おおさか》府《ふ》の田んぼの面積《めんせき》は、この40年間でざっと3分の1に減少しています。

また、この間の産業《さんぎょう》の近代化は、私たちの生活を大きく変え、ホタルが生息していた水田の環境も大きく変化しました。水田は機械《きかい》による耕作がしやすいように整備され、水路はコンクリート化されました。農薬も使われるようになりました。農業生産は効率化《こうりつか》しましたが、ホタルを

ヒメボタルが暮らす照葉樹林。宮崎県綾町

はじめとした生きものにとって、すみにくい環境になってきました。

水田、ため池、里山など、人手が加わった環境に多く見られた生きものの多くは、現在、絶滅《ぜつめつ》が心配《しんぱい》される状況《じょうきょう》になっています。

杜《もり》のホタル、ヒメボタル

ヒメボタルは「杜《もり》のホタル」ともいわれる、森林や草地にすむ陸生《りくせい》のホタルです。ホタルのほとんどは陸生ですが、日本では、水辺にすむゲンジボタル、ヘイケボタルが有名なため、森にすむヒメボタルの存在《そんざい》はあまり知られていません。

ヒメボタルに出会うには、昼なお暗い神社に、勇気《ゆうき》を出して夜に出かけてみることです。ゲンジボタル、ヘイケボタルと異《こと》なり、ヒメボタルのメスは、後ろばねがなくて、飛《と》ぶことができません。そ

名古屋城のヒメボタル生息地

のため、ヒメボタルは、昔からの環境が保《たも》たれているところに多く見られます。その代表が、各地の神社にある鎮守の森です。

ヒメボタルがすんでいるのは、神社だけではありません。大阪府羽曳野市《はびきのし》の誉《こん》田《だ》御廟山古墳《ごびょうやまこふん》（伝応神天皇陵《おうじんてんのうりょう》）は、大山《だいせん》古墳（伝仁徳《にんとく》天皇陵）についで大きな古墳ですが、その中には、ヒメボタルがたくさんすんでいます。また、名古屋城は、大都市の市街地《しがいち》の真《ま》ん中にあって、今なおヒメボタルがたくさん見られます。このような土地は、数百年またはそれ以上にわたって、人々が敬《うやま》い、大切《たいせつ》にしてきた場所であるといえるでしょう。ヒメボタルの生息には、今の自然環境だけでなく、その地の歴史《れきし》も深く関係《かんけい》しているのです。

ヒメボタルは、まだまだナゾの多いホタルです。日本列島の中でも、地域によって、成虫《せいちゅう》の大きさや斑紋《はんもん》、出現期《しゅつげん》、活動する時刻、幼虫の色などに変化があります。ごくありふれた雑木《ぞうき》林や竹林、河《か》川敷《せんじき》の草原に見られることもありますが、同じように見える林や草地でも、ヒメボタルがいるところと、いないところがあります。幼虫は陸生貝類を食べますが、与《あた》えるいろんな動物質のエサを食べ、野外での主食はよくわかっていません。つまり、ヒメボタルを守るためにどのような環境条件が必要なのか、まだよくわかっていないのです。ぜひみなさんも調べてみてください。

ホタルに会うために

「最近ホタルを見なくなった」理由は、ホタルのすむ環境の変化だけではありません。たしかにホタルは少なくなっていますが、すぐそばにホタルやいろんな生きものがいても、気づかなくなっています。私たちのほうも、知らず知らずのうちに、ホタルから遠ざかっているのです。

昔は、たしかに不便《ふべん》でしたが、人々は、日常生活の中でホタルの光に出会い、虫の声を聞き、季節を感じながら生活していました。しかし、ここ半世紀《せいき》で私たちのライフスタイルは大きく変化しました。防犯《ぼうはん》のために夜間の照明《しょうめい》はどんどん増え、ホタルの光は見えにくくなっています。今や自家用車は一家に1台以上あり、近所に出かけるにも自動車を使うようになりました。自動車の中からでは、ホタルが飛んでいても気づきません。エアコンが完備《かんび》され、夕涼《すず》みという言葉自体も聞かれなくなりました。これは、大都市に限ったことではありません。

出会う機会が少なくなれば、人々の関心もしだいに薄《うす》れ、そのうち生きものの存在すら忘《わす》れられてしまうかもしれません。

日本の人口は、これからは減少し、次の100年間で、ほぼ昭和初期の状態《じょうたい》に戻《もど》るといわれています。しかし、人里の環境、私たちのライフスタイルを100年前に戻すことは、おそらくできないでしょう。そうなったときでも、自然の中のホタルに季節を感じ、ホタルや自然を愛《め》でる心は、のちの世代にも忘れずに受け継《つ》いでゆきたいものです。

この本を読んだみなさんに、そんな気持になってもらえれば、幸《さいわ》いに思います。

小原 玲（おはら れい）

動物写真家。1961年東京都生まれ。報道カメラマンからアザラシの赤ちゃんとの出会いを契機に動物写真家に転身。マナティ、プレーリードッグ、シロクマ、日本のホタルなどを撮影している。教科書「こくご１下」（教育出版）の「うみへのながいたび」のシロクマの写真を撮影。12年間にわたりホタル前線を追いかけて撮影を続けている。NHKハイビジョン特集「ホタル舞う日本～ホタル前線を行く～」の案内人を務めた。写真集、著書に「螢― light of a firefly」（ワニブックス）、「流氷の伝言―アザラシの赤ちゃんが教える地球温暖化のシグナル」（教育出版）など多数。

ほたるの伝言

2010年9月23日 初版第1刷発行

著　者　小原 玲
発行者　小林一光
発行所　教育出版株式会社
〒101-0051 東京都千代田区神田神保町 2-10
TEL:03-3238-6965 FAX:03-3238-6999
http://www.kyoiku-shuppan.co.jp

装丁・デザイン　三村 漢（niwanoniwa）
印刷・製本　大日本印刷株式会社

ISBN978-4-316-80305-0